品鉴商业空间系列
Tasting commercial space

餐厅
Restaurant

正声文化　编

中国电力出版社
CHINA ELECTRIC POWER PRESS

内容提要

本书以项目为单元，包含项目简介、设计说明、平面图、精品实景图或效果图作为全书的主要构架。本书内容包括大型中餐厅、中型中餐厅和西餐厅的设计项目。

图书在版编目（CIP）数据

餐厅／正声文化编．—北京：中国电力出版社，
2012.6
（品鉴商业空间系列）
ISBN 978-7-5123-3173-0

Ⅰ.① 餐⋯. Ⅱ.① 正⋯ Ⅲ.① 餐馆 - 建筑设计 -
图集 Ⅳ. ①TU247.3-64

中国版本图书馆CIP数据核字（2012）第128752号

中国电力出版社出版发行
北京市东城区北京站西街19号　　100005　　http：//www.cepp.sgcc.com.cn
责任编辑：曹　巍
责任校对：李　亚　　责任印制：蔺义舟
北京盛通印刷股份有限公司印刷·各地新华书店经售
2012年10月第1版·第1次印刷
700mm×1000mm 1/12·13印张·250千字

定价：48.00元

前言
PREFACE

目前，室内设计行业迅猛发展，从业人群急剧增加，这就使行业细分成为必然趋势。很多设计师开始往细分专业化道路上进行专注性发展，涌现出大量在各个细分物业类型的优秀设计师。在这其中从事商业空间设计的人群越来越多，这就是中国经济的发展使越来越多私人投资业主进行各领域的商业项目投资带来的结果，正是众多优质的商业项目的出现，让我们看到了更多中国设计师优秀的商业设计作品。

本系列是一套介绍商业空间室内设计的经典案例丛书。突破以往常规的选择视角，将发生商业消费的各类型物业空间全部囊括其中，通过对每个空间设计的亮点之描绘提点，阐述空间为其消费者带来视觉、感官等体验，最终为空间带来商业价值的增值，而这正是每个商业空间设计师所追求的目标。

本丛书共分六册，分别为《酒店会所》、《餐厅》、《咖啡厅·茶舍》、《娱乐空间》、《美容SPA》、《店面展厅》，将此类商业空间近两年的优秀设计案例展现给读者。

《酒店会所》展示了国内星级酒店和个性化酒店设计项目，以及众多高端俱乐部和私人会所的设计案例。

《餐厅》精选了国内各大、中、小型酒楼、餐厅的设计案例。

《咖啡厅·茶舍》展示了国内的西式咖啡厅及饮品店项目，以及高档中式茶楼的设计案例。

《娱乐空间》精选国内的知名夜店的设计案例，以及KTV夜总会等娱乐项目。

《美容SPA》展示了美容养生休闲会所和洗浴健身场所等设计案例。

《店面展厅》精选了各类商品专卖店以及企业产品展厅类设计项目。

书中大部分案例以项目完工后的实景图片为主要内容，少部分未完工项目以精美的效果图进行展示，案例剖析文字详实，并有平面施工图辅助说明，成为广大商业项目投资业主良好的借鉴和参考书，也成为众多设计师学习的参考的必备资料。

本书的顺利推出得到了中国电力出版社编辑曹巍女士的大力支持，以及与正声文化合作的各位设计师朋友的鼎力相助，在此表示特别感谢。另外，限于编者水平，书中难免有疏漏之处，请广大读者不吝指正，同时也欢迎更多设计师朋友与正声文化进行交流。

目录
CONTENTS

揽香川菜

项目地点: 上海
项目面积: 620 平方米
项目造价: 业主保密

主设计师: 马莹麟（上海林世装饰设计咨询有限公司 设计总监）

本案位于上海，考虑到菜系悠久的历史以及地处时尚中心，店主将餐厅的设计重点放在传统与时尚的完美结合上，营造出一个融合古今的餐饮空间。

餐厅的设计以中式风格为主，荷花为装饰元素。考虑到客人是以三五结伴逛街的同行朋友为多，因此在区域划分时并未设置太多的包厢，而是将大部分的区域划给了开放座位区。大堂中采用黑白两种颜色，干净利落，灯光柔和，营造出静谧安详的就餐氛围。

空间中运用到了水泥板、青砖、镜面、手绘画等材质，合理的搭配使空间变得玄妙，空间的重叠让人忍不住想探个究竟，心甘情愿地穿梭于中。

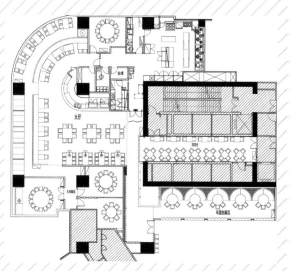

平面图

图1：大大的现代式宫灯从玻璃顶上垂下，份量感十足。
图2：玻璃墙上的大红树枝很有视觉冲击力。
图5：由于地面设计了起步台阶，因此以天花铺贴镜面的方式来弥补层高的不足，将空间向上无限拉升。
图6：一道手绘荷花墙与荷花厅相呼应，散发着袅袅余香，也隔出通往包厢的过道，避免了来来往往的嘈杂。

轻描淡写中国味道

项目地点: 辽宁大连
项目面积: 218 平方米
项目造价: 35 万元

主设计师: 张健（大连工业大学艺术与信息工程学院环境艺术设计教研室 专业教师；高级室内建筑师）

　　本案位于大连，面积不大，只有200多平方米。店面融合了现代时尚元素，诠释现代时尚的餐饮空间。

　　设计师以白色和原木色为主色调，红色作为辅色，配以不锈钢及镜面装饰局部和边角，将整个空间打造出具有强烈视觉冲击力的空间效果。镜面与皮面软包形成对比的质感效果，让空间更具时尚感。空间得到最大化的利用，功能得到了完善，就像设计师所说，不必浓妆艳抹，就那么轻描淡写，也能打造出别具一格的中国味道。

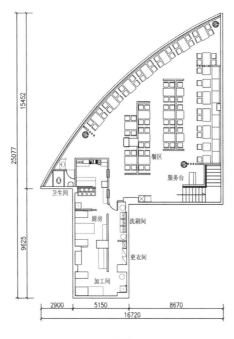

平面图

图1：一层的楼梯及入口处墙面用原木色和白色木饰面板铺贴，镜面穿插其中，增强了室内的时尚感；原木的颜色也容易让客人产生亲切感。

图3：二层的用餐区宽敞明亮，大面积的落地窗保证了室内的采光，立柱也被镜面包裹，形成了一个反光体，映照出四周的景色。

图5：红色的椅子穿插在餐厅中，并不显得突兀，和白色搭配在一起反而显得很和谐生动，让人感受到极大的热情。

王新华家乡菜

项目地点: 江苏溧阳
项目面积: 1500 平方米
项目造价: 320 万元

设计机构: 浙江东驰建筑装饰有限公司

　　本案位于江苏溧阳, 这里山清水秀, 人杰地灵, 是一座历史悠久的古城。因此设计师将餐厅的风格理所当然定位于江南风。挖掘地域文化内涵, 从江南地域文化中提炼设计元素及装饰元素, 是设计师对这家餐厅所作的设计定位, 而对宾客来说, 地域文化对他们更具吸引力。室内采用青砖、白墙、飞檐、花窗、砖雕、青花瓷、鸟笼等中式设计元素, 颜色质朴, 令人回归古时江南的感觉, 沉稳而脱俗, 宁静而致远, 又不失现代餐厅的品位和雍容华贵。

　　设计师在室内空间灯光的设计上也很用心, 采用一般照明和重点照明相结合的手法, 增加大堂空间的层次感和隐蔽的神秘感。桌椅均采用仿中式古典家具, 使整个空间更加统一。

　　室内所有的元素都诠释着该餐厅新的特殊性, 新的价值, 新的生命力。

图1：大堂中的灯具外罩都用传统中式鸟笼造型来装饰，极富传统的趣味性。
图3：等候区的天花顶灯上，立体金鱼花纹灯饰栩栩如生。
图4、图5：包间整体布置充满中式韵味，尤其是落地灯的设计。如若身在其中，听上一曲评弹，岂不乐哉！

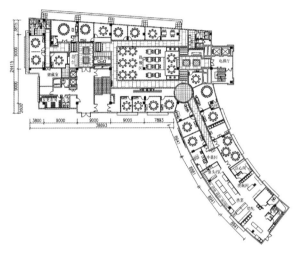

平面图

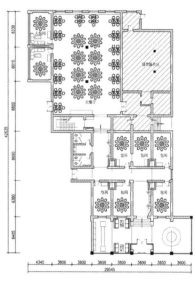

平面图

驴肉香

项目地点：山西太原
项目面积：1000 平方米
项目造价：130 万元

主设计师：李凯

本案位于太原市，是一家特色餐厅，以清雅而闻名，其独特的装饰风格吸引着路人和游客前来光顾。

设计师以现代中式手法装点这一特色餐饮空间，中式的窗格及雕花随处可见，就连富有山西民俗风情的剪纸艺术也被巧妙地运用其中，给餐厅赋予了文化特色。

餐厅外立面仿民国时期的建筑特点装饰，用灰砖砌成，两侧采用大大的落地窗，保证了室内的光线，也让餐厅变得通透。内部空间设计层次分明，错落有致。

大厅墙壁上的书法和绘画体现出古人对酒当歌，挥笔泼墨的豪放气概，两者看似矛盾的结合却给人带来了意想不到的视觉效果，也增加了用餐的意境。

图1：大厅的中式餐桌椅，搭配黄色中式吊灯，窗前的中式窗帘，垂挂的羊皮灯，一切都散发着似曾相识的古韵，让人有舒适温暖的视觉感受。

图3、图5：曲折的走廊将室内空间划分为几块，顶灯隐伏在木椽之内，线条简单，把现代融入了古韵；两侧的墙壁上或以书法手绘墙装饰，或局部贴灰色的铝板画，透着古朴韵味。

图6：前台接待处用古色古香的木材和灰砖相结合，充满了中式韵味。

上本台湾涮涮锅

项目地点: 广州
项目面积: 2400 平方米
项目造价: 500 万元

主设计师: 庄仙程 [徐庄设计（广州）有限公司 设计总监; 高级室内建筑师]

　　本案地处广州，属于这家连锁餐饮的旗舰店，这里客流量较大，店面以其富有特色的装修风格吸引着路人的眼球。空间墙面以火烧面黑石、火山灰薄片、红砂岩贴面，地面大面积使用火烧面福建黑花岗石铺设，奠定了整个空间的基调；局部空间的天花未加任何装饰，水管电路直接裸露在外，富有个性，适合年轻人在此区域聚会用餐。

　　空间整体在区域设计上定位为长路线，局部形成虚拟空间，采用了很多透视的设计方法，卫生间的一墙之堵、中式的窗洞设计、雅座区抬高地面，这样就把整个餐厅的路线形成了一个半环形设计路线。在包房的设计上考虑到了宴会团体餐的需要，把六间大房设计成一个开间，平时使用起来提高了组合性，可以同时容纳多人就餐。

　　餐厅中也设立了吧台，加上组合的宴会团体餐，区域包场加上独立、宽大的大厅设计等，这里已经成为了整个连锁门店中功能最齐全的旗舰店。

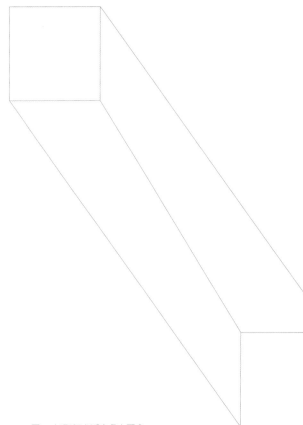

图7：长形餐桌适合多人聚会。

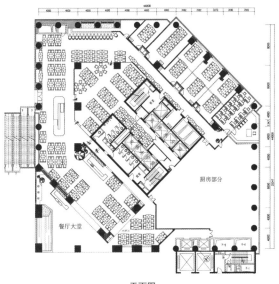

平面图

图8：自助餐台大概是整个餐厅中最耀眼的地方，自助调料区上方悬挂了两个欧式水晶吊灯做照明，看起来与整体风格不相符，却别具一番风味。

图9：立柱表面均采用石材拼贴，不规则的拼贴方式让空间中的自然气息更加浓厚。

南京东郊国宾馆国宴厅改造

项目地点: 南京
项目面积: 4000 平方米
项目造价: 3000 万元

主设计师: 韩加兴 (苏州金螳螂建筑装饰股份有限公司设计第 6 院 8 所 所长; 高级工程师, 高级室内建筑师)

　　本案坐落于南京紫金山, 占地面积4000平方米, 是接待国家领导人的主要场所。这里的自然环境非常优美, 气候宜人。本项目是国宾馆宴会厅的改造设计。

　　在宴会厅改造设计中, 设计师将室内设计延续建筑外立面民国建筑的风貌作为设计的风格方向。民国建筑以中西合璧著称, 在这个建筑中以欧式的繁华做造型, 用中式的博大文化做精神。

　　设计元素取自代表典型的中式—团锦簇和回形纹的图案, 从顶面的造型装饰纹样、排风口纹样、灯具式样, 再到内部的石材纹样、门式纹样、壁灯点缀纹样等, 最后到地面的大理石拼花纹样和地毯纹样, 所有元素都围绕着这个设计主题呈现出独一无二的、带有地域文化的高档用餐场所。

　　大方、华丽、典雅是对这里最好的诠释, 整体空间用材考究, 华丽典雅而不失内涵, 在这里用餐可以让每一位宾客品尝这一特有的民国建筑文化大餐。

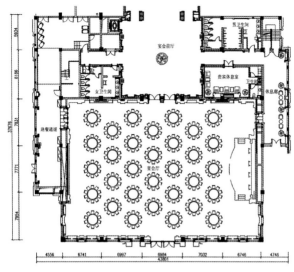

平面图

1

图4：宴会厅大面积地铺设红色地毯，并以富丽的黄色中式刺绣花纹，在边缘的地
方用南京市花——梅花图案作为装饰，天花的水晶吊灯也好似梅花盛开，将国宴
空间表现出地域文化特点。

5

6

7

8

9

江南邨酒楼

项目地点: 河南郑州
项目面积: 900 平方米
项目造价: 300 万元

主设计师: 何宇（中麒设计事务机构 设计总监）

　　本案坐落于河南郑州，地处繁华的酒吧一条街。面向群体定位于中高端人群，由于地理位置和经营的原因，空间上没有刻意去追求用豪华和奢侈感来迎合高端的客户，而是引用上海石库门的古朴建筑元素重新进行整合。

　　室内运用了大量的陶艺壁砖，让整个空间充满厚重感，又加入现代的装饰材料，让整个空间古朴又不失时尚，同时给人以低调且韵味十足的感觉；就餐用的桌椅则采用水曲柳擦色的工艺，仿中式古典风情，增强了新中式的格调。

　　包间以地名来命名，既具有趣味性又让人印象深刻，灯光没有很亮，昏黄的效果就是要强调老上海的感觉，为消费者营造了一个怀旧、静谧的就餐环境。

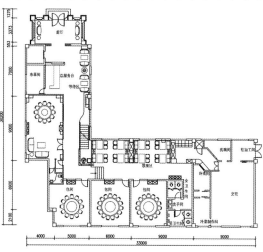

平面图

图1：玻璃隔断给空间中增添了时尚感。
图3：一双大手"接"着水管中流出来的水，是充满艺术感和趣味性的手盆设计。

图4：墙壁尽可能多地采用陶艺壁砖装饰，艺术感在暗暗的灯光中更显突出。
图7：这里，是只属于两个人的意境，或品茶，或小憩。

老厂房改造的 LOFT 餐厅

项目地点： 江苏江阴
项目面积： 4300 平方米
项目造价： 600 万元

主设计师： 何兴泉（苏州美瑞德建筑装饰有限公司江阴所 室内设计师）

　　城市发展的过程中总会留下历史的痕迹，曾经辉煌一时的老厂房如今已破旧不堪，如何对其进行挖掘与改造，化土为金使之成为江阴市的亮点，成为了一大挑战。本案依然以工业化为主题，目的是让人们回顾历史，回归自然，让人们珍惜足下和地域的文化。

　　设计师根据其原始结构加以重组和修饰，把老旧的厂房变成极具现代感的LOFT风格的休闲餐厅，别具一番独特风味。室内除了保留了建筑的"本色"之外，均采用颜色简单的家具，多为中性色，结合运用的材质来看，整体有一种低调的奢华感；具有中式韵味的餐椅也让这里充满了文化气息，加上灯光的渲染，十分雅致。

　　改造后的老厂房蕴含着一种自由、艺术的精神风格，是一种知性上的反理性主义和感性上的快乐主义，是社会发展表现在精神文化层面的一种显现。

3：黑白分明的桌椅，又有
一丝后现代的味道。

图4：中式风格的包间，大面积运用木材，与暖色调的光线相结合，使人备感温馨。正中的
一幅装饰画又给室内增添了一丝艺术气息。

图5：黑色的梯形过道庄严稳重，仿佛是在两边迎接宾客的卫士。前方温暖的灯光指引着来
者行进的方向，两旁的射灯照亮了脚下的路。

图6：沿着黑色地砖走到尽头，又是一个令人充满惊喜与期待的崭新空间。

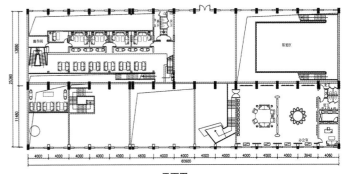

平面图

蓝调上海

项目地点: 上海
项目面积: 400 平方米
项目造价: 80 万元

主设计师: 胡安新(上海弘佳装饰设计有限公司 设计师; 助理工程师)

这是一家位于上海金高路的餐厅,紧邻周边住宅小区。由于所处地段属中档消费水平,因此餐厅的风格定位在大众化,但是设计师在设计中适当地加入时尚元素,摒弃红红绿绿的颜色,做出一些海派的优雅味道,让顾客在高档次的就餐环境中享受大众化的价格。

空间内以白色和米色为基础,藏蓝色欧式丝绒软包座椅被烘托为主角,立刻彰显该餐厅的与众不同。

空间安排合理,卡座之间隔而不断,利用的是不锈钢拉丝包边的雕花隔断作装饰,再加上抽象枝丫造型的雕花装饰墙和窗,使空间和谐统一。

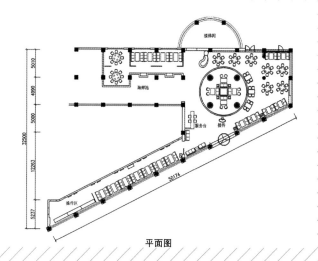

平面图

图3：墙面铺设黑镜，装饰白色抽象枝丫造型雕花，立体感呈现，同时在视觉上拓展了空间。

图4：树形的镂空，虽然只是装饰，却生机勃勃。

图5：爵士白大理石桌面，与整体的白共同映衬着蓝色座椅，高贵而有档次。

鼎盛大厨房

项目地点: 浙江丽水
项目面积: 2600 平方米
项目造价: 600 万元

主设计师:黄海松(浙江省金龙装饰装潢有限公司 室内设计师)

本案地处浙江丽水秀美的白云山脚下,优越的地理位置毋庸置疑地阐述了它的地位。这是一家以粤菜为主的海鲜酒楼,为顾客提供高档的海鲜菜肴,面向的消费群体以个人或单位宴请贵宾为主。

酒楼在一开始的设计中就定下了时尚、内敛、自然的设计理念,从大堂的明档开始,一直到大大小小的包房,将欧式的典雅与现代的时尚相融合,让用餐者体验安逸、轻松的环境氛围。

一层在经营三年后改为了宴会厅,可举办大型宴会。宴会厅选用了紫铜、各类石材、皮革等材料进行装饰,并且大手笔地在天花上设计了一盏400平方米的莲花造型水晶灯,营造出一种华丽、大气、尊贵的宴会空间。

整个酒楼就是在营造着低调的奢华,让顾客在感受到尊贵的同时也拥有舒适感。

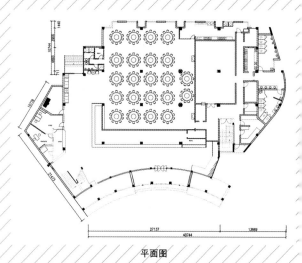

平面图

图1、图4:宴会厅顶部的莲花造型水晶灯,是设计师以水晶珠帘形式做改造,内藏灯带,为宾客呈现一场令人叹为观止的视觉盛宴。

咕嘟餐厅

项目地点： 北京
项目面积： 360 平方米
项目造价： 53 万元

主设计师： 鞠千秋（北京青田国际艺术设计有限公司 设计总监；高级室内设计师）

　　"咕嘟"这个词让人联想到水开的声音和沸腾的水泡，这就是这家餐厅的主题——以中式快餐健康的炖为主做法，打造健康不停"炖"的健康饮食。消费群体面向大众，因此在环境设计上也力求明快、平易近人。

　　餐厅门头以快餐店的特点设计，这样可以让人一目了然地找到，设计师还利用绿、黄、蓝、红、紫五种色彩丰富的外立面的颜色，吸引路人眼球，提升陌生消费者的关注度。

　　室内整体空间以白色和绿色为主色调，墙壁上的手绘画生动可爱，用色简单纯粹，加上明亮的灯光照射，简洁的空间呈现出了清新、自然、健康的氛围；以快乐的"泡泡"为元素，贯穿整个餐厅，活跃了气氛，也体现"咕嘟"的餐厅主题。

　　店内双人位、四人位一应俱全，还有为多人聚会所提供的长桌，从设计上满足各种组合人群的就餐，同时体现出店主的细心和贴心。清爽的环境，活泼的氛围，给顾客带来了一个轻松舒适的用餐环境。

图1：四人卡座区采用与门头相同的装饰画，将同样的画饰以不同的色彩装饰墙壁，并带有各种圆形，就连天花的灯饰也是求形，让人无时无刻不想到餐厅的名字"咕嘟"。

图4：墙面铺贴的饰面让楼梯间也有了丰富的层次感。

图5：长桌区墙面采用手绘墙形式，带有些许卡通味道的图案，吊顶也稍做折线形处理，配以白色和红色的餐椅，让这个区域飞满年轻活力的氛围。

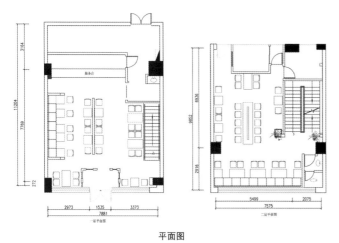

平面图

旎亚那马来西亚餐厅

项目地点: 北京顺义
项目面积: 220 平方米
项目造价: 33 万元

主设计师: 鞠千秋 (北京青田国际艺术设计有限公司 设计总监; 高级室内设计师)

本案位于北京顺义某别墅区餐饮街, 充满异域风情的建筑依水而建, 周围环境十分优雅, 专为附近别墅区高端消费人群打造。

既然是马来西亚餐厅, 其装修风格当然以马来西亚的文化特色为主。餐厅的外立面用复古青砖做拱门造型, 橱窗后面的霓虹灯发出鲜红的灯光, 吸引游人驻足停留; "生命之树" 是东南亚典型的元素, 置于餐厅的主要位置, 直接表达出餐厅的主题风格; 空间的分割简单而舒适, 实木条的墙面设计简洁, 却带有浓浓的东南亚热带风情, 上方悬挂的斗笠等装饰品凸显了独特的地域文化气息。

灯光的运用在这里起到了重要作用, 不同的区域采用不同强度的灯光渲染, 隔板的投影映射在餐桌上, 营造出了宁静温馨的环境。角落里的大棵绿植精心地烘托着整间餐厅的氛围, 让人仿佛置身于马来西亚。

餐厅也设有露天餐区, 炎炎夏日也可以选择坐在这里享受微风拂面, 品尝美味的食物的悠闲自在感。

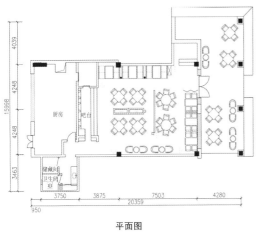

平面图

图2：镂空的雕花隔断在灯光照射下，于餐桌上舞动美妙的光影。

图4：露天餐桌，夏日可以在这里享受清爽的微风。

6

7

8

权金城韩式烧烤

项目地点：北京
项目面积：520 平方米
项目造价：68 万元

主设计师：鞠千秋（北京青田国际艺术设计有限公司 设计总监；高级室内设计师）

邢建人

　　本案位于北京顺义某商场内，凭借着独特的口味吸引着来自四面八方的顾客。

　　店内大面积使用黑色作为主色调，营造出大气、沉稳的氛围；卡座之间利用沙发的转角作为区域划分，整体区域间的隔断也是由曲折相连的造型玻璃来完成；天花和墙壁的造型也与整体保持一致；包间呈半开放式，既保证了顾客的私密性，也方便了与外部的联通。

　　室内用反光镜面和透明玻璃隔断，加上灯光的渲染让黑色的空间并不显得沉闷，反而多了一份高雅与尊贵。

　　餐厅中运用韩式风格中传统的木色、石料，结合现代材质及手法，融入了海派元素，"酷、炫"的时尚表达，形成了具有独特气质的环境空间，且符合当代人对时尚主题餐厅环境的审美。

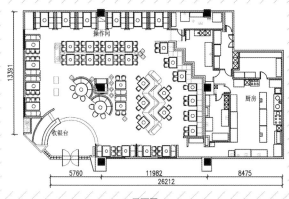

平面图

图1：餐桌摆放得如此精心，仿如折线形天花在地面的投影。
图3：带有圆孔造型的玻璃隔断保证了室内的通透性，使空间内部颜色虽然浓重却不压抑，并将圆孔设计元素进行到底。
图4：圆形的天花吊灯搭配圆形的吊灯，与地面的半圆形卡座以及有着圆孔靠背的座椅相映成趣。

天一竹时尚火锅

项目地点: 北京
项目面积: 560 平方米
项目造价: 65 万元

主设计师: 鞠千秋 (北京青田国际艺术设计有限公司 设计总监; 高级室内设计师)

　　本案位于北京市望京某商场内,以菌类火锅为主营,面向大众,以高质量的菜品和独特配料来吸引众多食客。

　　店内在布局的设计上分为香锅区和火锅区两种形式,空间上以灰蓝色和红色为两种主色调;墙壁被线条切割成不规则的形状,使空间动感十足;黑色镜面的反射效果增加了室内的现代感和品质感;另一侧墙上的手绘图案与其相呼应,灰蓝色的底色,白色的部分犹如海浪,表面粘贴了大量水滴状立体的造型装饰,就像一条条跳跃的小鱼,随着浪花在海洋中游水嬉戏。

　　砖类的设计是趋于自然的,隐喻了菌类食品性质的健康。大厅中罩着深色纱幔的射灯,泛着柔和的光晕;卡座区的灯光也利用布料创造出独特的光线,营造出了美妙的就餐氛围。

　　如果是朋友聚餐或是情侣约会还可以选择店内的半开放式包间,内部以红色为主,丝绒的高靠背沙发看起来十分舒适,红色灯罩的白炽灯泛着红晕,十分有情调。

　　室内大面积的灰蓝色肌理以独特的装饰元素赋予了餐厅时尚感,优质的环境让人流连忘返。

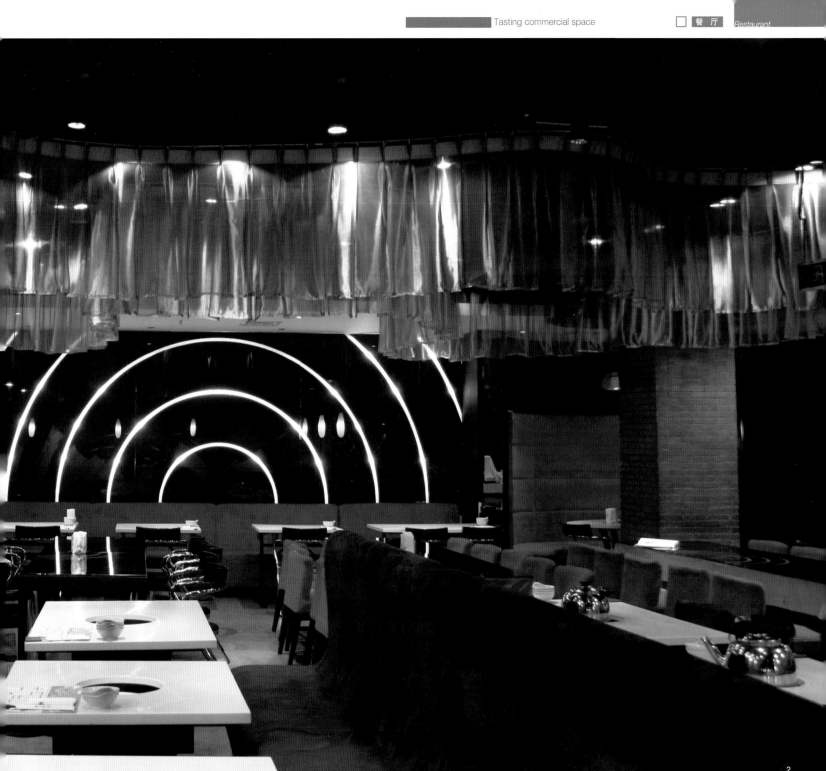

图1：灯光经过布的遮挡，改变了原有的散射方向，在餐桌上投射出独特的光线。

图2：黑色镜面间歇做LED半圆线条细灯带装饰，给平面增添了立体跃动感。

图6：半圆形的半开放式卡座，保证了私密性，红色绒面的沙发和温馨的灯光给这个区域营造了浪漫的氛围。

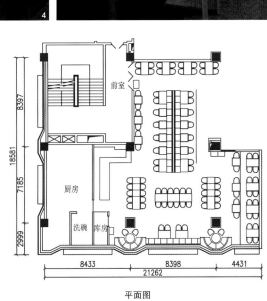

平面图

同府火锅

项目地点：山西太原
项目面积：1100 平方米
项目造价：98 万元

主设计师：李凯（山西晓凯室内装饰设计有限公司 总经理；高级室内建筑师）

　　本案位于山西太原某繁华地段，是一家火锅中餐厅，其消费人群面向中档消费的白领阶层，因此设计师在设计上力求把握时代潮流，展现都市时尚个性，充分展示火锅中餐厅特有的文化内涵和经营特色。

　　餐厅在设计中利用光、影以及配景、植物等表现手法来增强空间主题对客人所产生的温馨与浪漫，让客人在就餐时充分感受到美味所带来的生活享受。

图1：餐厅外立面以中式风格为主，两侧的红灯笼让其特点更加突出；招牌用了醒目的柠檬黄色，在远处就能锁定人的视线；大门则用了反光钢材，增添了现代感。

图2、图6、图8：大厅是散座区，其实并不散，"城墙"把这里分割成了几个区域，保证了创造性和私密性，而城墙的造型也充满趣味；树枝上的小彩灯颜色缤纷，增强了用餐效果。

图4：餐厨区采用全透明的设计，可以让客人近距离观察到餐品的制作过程，并在意念中达成厨师与就餐者的一种无声交流。

图5、图7：散落的盆栽生机盎然，为这里增添了活力，厅中石头堆砌的小池塘充满了自然的气息；灰色的地砖与整体颜色一致，达到了视觉上和谐的效果。天花板上射灯的角度和亮度也经过精心的安排，创造出时尚的感觉。

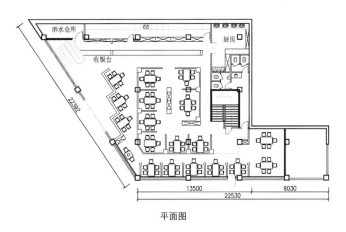

酒水仓库
厨房
收银台
22.92
13500
9030
22530

平面图

6

7

8

观湖品海餐饮会所

项目地点: 北京
项目面积: 2000 平方米
项目造价: 640 万元

主设计师: 乔上行 (大连佳逸装修工程设计有限公司 经理 / 设计师)

　　本案是一家以大连海鲜为主的高档餐饮会所，面向消费能力较高的社会人士；根据其定位人群，会所内部设计豪华，满足商务人士聚会洽谈的需求。

　　会所共有三层。一层是普通餐厅，分为卡座区和散座区。明亮的瓷砖映着天花的倒影，光线落在上面显得更加柔和；二层是休闲餐厅，气派的大型酒架以曲线造型蜿蜒呈现，引领宾客进入四人位的雅座区；三层马上就有了"金碧辉煌"的感觉，包间安排在这一层，内部环境与外部风格相统一，高贵典雅；宴会厅更是十分大气，中式皇宫的风格，尽显奢华。

　　独特的灯光效果与室内的设计搭配得天衣无缝，而许多特别的灯具其灵感来自于中国传统灯具的外形，融入现代灯具的设计元素，达到了意想不到的效果。

图1：富丽堂皇的三层大厅，大理石水池中央矗立着精美的艺术雕塑，天花上金色的镜面又把下方的景色纳入其中，更显尊贵无比。

图5：二层雅座区一旁的荷花池上飘着轻盈的雾气，透过落地窗，外部景色尽收眼底，美不胜收。

图6、图7：一层大厅中间以水作为隔断，碧水衬托着翠绿的植物，渲染出美妙的气氛；

图8：二层入口处弧形的红酒架正对大门，一瓶瓶红酒以蛇形的排列方式填满了酒架，给人强烈的视觉冲击力，这也是一件充满创意的装饰品。

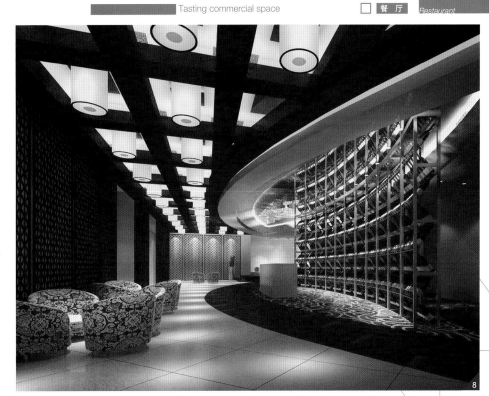

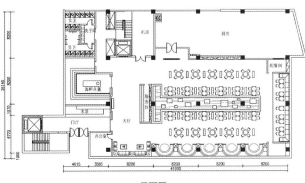

平面图

枫桥夜泊餐厅

项目地点: 北京
项目面积: 400 平方米
项目造价: 100 万元

主设计师: 万玉堂（北京 PAUL 公司 主案设计师）

　　本案地处繁华路段，内部装饰以中式风格为主，面向CBD白领人士。

　　室内色调深浅搭配均衡，墙面采用米黄色的木纹瓷砖和壁纸装饰，地砖颜色和谐统一；咖啡色大理石的吧台沉稳高贵。设计师运用了仿古砖、木地板、木格栅和灰色条纹壁纸等材料，创造出了一个极富质感且文化底蕴十足的特色餐厅。

图1：正对大门处波浪形的排列着"木砖"，《枫桥夜泊》的诗句散落
在上面，结合带有岁月印记的石像，意境十足。

图3：散座区与吧台之间利用柱子作为分界线，天花下方采用浪花的
木格栅，给空间平添了磅礴的气势；其下方墙壁上的唐代绘画点缀了
墙壁，灯光也起到了一定的渲染作用。

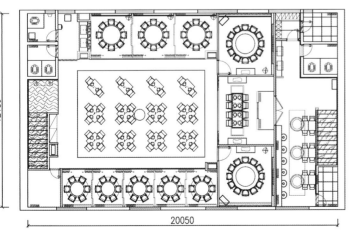

12180

20050

平面图

图4～图6：包房的中式韵味更加显著，红漆木柜、宫灯、花格窗等元素都被运用到其中，古色古香，使客人在用餐时被浓浓的民族文化所包围，乐在其中。

图7：二层的散座区就没有一层的那么"规矩"了，桌椅以一棵粗壮的大树为中心向四周扩散，抬头看到绿叶和红伞，仿佛身在江南，十分唯美；木质地板增强了空间的质感。

和味日本餐厅

项目地点: 天津
项目面积: 2000 平方米
项目造价: 200 万元

设计师:魏惟一(天津卓诚豪庭装饰设计机构 首席设计师)

　　本案位于天津市商务繁华地段,占地面积2000平方米。此地段日本人较多,所以客户群体主要设定为日本人比较偏好的餐厅模式。

　　餐厅入口处为本案最大亮点,将一个传统的小型门洞无限放射。让门洞成为吧台的顶,同时也成为餐厅的背景。门洞与吧台、餐厅的成功连接,让整个餐厅有了更加通畅的感觉。

　　设计师选择肌理漆和片岩为墙面的主要材料,打造出粗糙又不失典雅的质感;由于房屋层高比较矮,所以在吊顶上采用不锈钢装饰,反光的顶面将房间挑高不足的缺点解决。

　　这一空间"粗"中有细,在把握整体的同时兼顾细节,使得整个餐厅大气、细致,不断地吸引着外宾的到来。

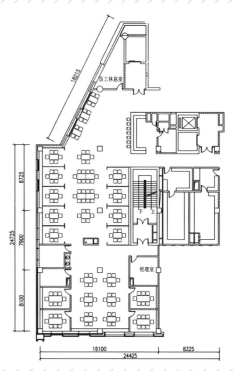

平面图

4

5

6

7

8

东井日本料理

项目地点: 北京
项目面积: 97 平方米
项目造价: 18 万元

主设计师: 吴磊 (自由设计师; 高级室内建筑师)

　　本案位于北京,面向消费群体为30岁至45岁之间、事业上有所成就的人群,而本料理店又主打日本正宗料理,因此相对走中高端消费路线。

　　设计师在设计上整体以暗色调为主,充分与时尚元素相结合,选用皮革以及丝绒软包等元素进行装饰,将餐厅档次提升,打造质感的空间,并选择了很多具有日本文化特色的装饰品点缀,给人置身日本的感觉。

　　虽然餐厅面积不大,但是气氛十足。既能让消费者品尝到真正的食材,又可以体验时尚的消费环境,这才是商家最看重的两点,而在这家店,都可以满足。

平面图

图1、图4：黑色的地砖，深咖啡色的木桌和皮质靠背椅，使室内显得稳重且充满层次感；天花特地保留了空间原本的形态，让水管暴露在外，结合灰色的水泥墙面流露着原始的感觉。

图3：吧台比较长，可以容纳多人就餐，毛石台面搭配皮质高脚椅，凸显了质感；上方的木质造型犹如层层峰峦，隐隐约约的光线从中透射出来，意境十足。

图6：室内没有安装大型的灯具，只用点光源的形式点亮空间，局部再配上限量的装饰画，打造温和、优雅的用餐环境。

5

6

皇朝食府

项目地点：贵州安顺
项目面积：1000 平方米
项目造价：100 万元

主设计师：吴明刚（点石空间设计工作室 室内设计师）

李彦军（点石空间设计工作室 室内设计师）

　　本案位于贵州安顺的经济开发区，是一家以强调私密性为主的会所式餐饮场所。主要面向的消费人群是周边一些高端消费群体。因此本餐厅的设计比较独特，摒弃了大厅及散座区，全部分隔成大小不同的包间，以保证私密性。同时设计师以欧式新古典风格元素装饰其中，体现会所式餐厅的高档品位。

　　摒弃会所的奢华，拉近与高端时尚的距离，这正是身在此餐厅周边的高端消费人群所需要的，也是本餐厅最成功之处。

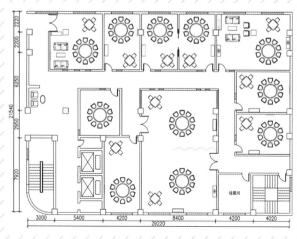

平面图

图1：过道中的墙壁选用天然洞石装饰，使空间更富质感。

图2、图3：中型包间内墙壁上的装饰画凸显了餐厅的品位。

图7：大型包间的天花以镜面和欧式复古风格雕花板做造型，内置灯具，将古典与时尚完美融合，墙面和立柱上精致的艺术装饰画，提升空间的档次。

2

3

诸葛烤堂

项目地点: 贵州安顺
项目面积: 1000 平方米
项目造价: 200 万元

主设计师: 吴明刚 (点石空间设计工作室 室内设计师)

李彦军 (点石空间设计工作室 室内设计师)

本案位于贵州安顺市,从名字上就能看出这是一家以中式风格为主的餐厅,其面向的消费人群是中高端以上的消费者。

设计师将古代三国时期的文化符号贯穿在整个空间设计里,把现代和古典完美结合。装饰材料上利用仿古砖和生态板,再搭配红色古灯,将整体空间打造出古色古香的氛围。

图1：包间中运用大理石桌面和水晶吊灯体现出空间的高贵
感，优雅的环境是亲友聚会、宴请宾客的好地方。

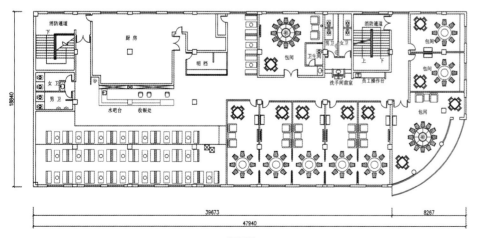

平面图

图5~图8：餐厅入口处的装饰门墩，以石粉为原料，采用专用模具加工制作成仿旧门墩，屋内案几上的雕塑马等凸显了"三国"的印记。打开门，大大的中式书法撰写的文字映入眼帘，这是设计师精心设计之处，采用丙烯原料在生态板表面书写完成，这些连同洗手间那青花瓷的手盆和黄铜仿古龙头等装饰元素，都让客人感到来这里不仅仅是就餐，也是一次对文化的欣赏。

7

8

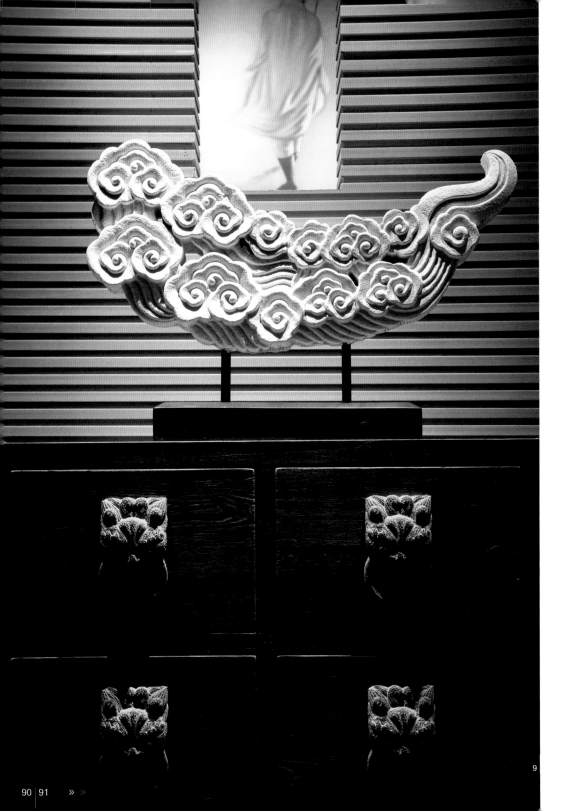

9

图9：空间中以"祥云"作为联系纽带和设计主旨，不仅作为餐厅的LOGO，还将其演变为墙面的浮雕和灯带的外罩，让人更加深刻地感受到浓郁的中式文化。

图10、图11：散座区没有大型的照明灯具，只以射灯用点光源的方式照明，营造出的效果与空间色调相匹配，烘托中式风意境。

望东府餐厅

项目地点: 呼和浩特
项目面积: 2000 平方米
项目造价: 800 万元

设计机构: 一墨一空间设计事务所

　　本案位于内蒙古美丽的青城东郊某商圈内，毗邻自治区和呼和浩特两级市中心，地理位置十分优越，周围特定高端人群集中，因此餐厅的定位是高档中式风格。

　　进入大厅，浓浓的中式风格迎面而来，设计主题源自荷花；散座区以红色和白色为主色调，咖啡色为辅，时尚又不失雅致；而包间区的每个包间都有各自的风格，内部设计的用心与精巧，相信会让顾客每次光顾时都有不同的新鲜感。

　　一流的文化氛围就了一流的高尚社区生活。这家餐厅既充满了文化内涵又具备趣味性与艺术性，使人们在用餐时也对其环境印象深刻，可以同时满足物质与精神两方面的需求。

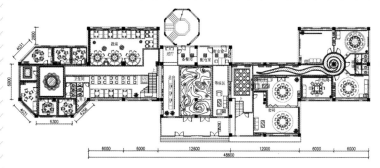

平面图

图1：天花也做了镂空的莲花造型，再加上镂空雕刻的灯罩，背景墙上镶金的花瓣形图案，无一不体现出餐厅的高端和雅致。

图6：莲花是大厅主要的设计元素，两侧的墙上分别装饰着祥云的图案和古文字，使得中式文化更为浓郁；吊顶处一朵朵盛开的莲倒挂天花之上，呼应着地面上的行云流水，正对大门的墙面也采用坡丝的工艺堆出了一朵美丽的金色莲花，精美绝伦。

8

9

10

1

图8：一层走廊的地面和天花造型如出一辙，像一条蜿蜒的小河流淌到尽头，最终汇入漩涡之中。

图9：包间区的中庭，一朵巨大的金色莲花正含苞待放，四周朱红色的铆钉门像战士一样守护在周围，衬出荷塘的
帝王风范，尽显威武。

图12：一层大厅莲花主题水晶灯缤纷炫目。

御府·中国菜

项目地点： 四川广元
项目面积： 1200 平方米
项目造价： 350 万元

主设计师： 熊普金（四川广元普金室内设计工作室 中级室内设计师）、郭天海、蔡红

　　本案位于四川广元，是一家高端的中餐厅，面向的消费对象是社会高端消费人群。设计师以青花瓷为本餐厅设计主题。近年来青花瓷概念又重回人们的视野，成为时尚流行的元素。青花瓷本身有着悠久的历史与文化内涵，设计师又点缀了一些欧式元素，古今结合、中西混搭，完美地呈现了一个优雅的用餐环境。

图1：大厅内中式传统的天圆地方概念蕴含其中，圆形天花中央
的水晶圆球灯，从顶棚一直垂到地面的中央水池；两边的欧式
沙发与四周的青花中式元素墙面装饰形成视觉冲突，中西文化
的结合碰撞出奇妙的火花。

图3：大厅的一边，采用部分折叠式隔断，必要时可以增加雅间
的数量，也可作为装饰屏风。

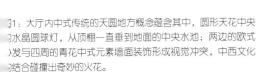

图4：门头有三层楼的高度，设计师采用篆体的"御"字，通过夸张变形，用铜板雕刻龙纹图案作为装饰；青花的招牌背景、红色的文字、冷暖色彩的对比，完美地体现出了中式的风格。

图6：二层大厅以中式画轴为造型设计的吧台，两个卷轴用深色大理石制作，正好成为两边的摆设台，中间的画面采用两层钢化玻璃夹住中间的画布，背后设置LED光源，让画面显得立体灵动；顶部则采用纵向的画轴作背景，仿似幕布垂下，"中国菜"三字居中，篆体"御府"的印章左右各一；吧台背景墙依然采用青花，达到整体的统一。

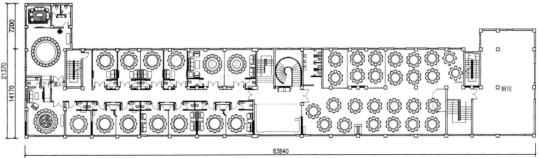

平面图

图7、图8：每一个雅间都采用混搭的方式，以青花为主，根据餐厅主题的不同，作出不同的装饰效果，让客人在每一次就餐的时候，都能欣赏到不同的内容。

花见日本料理

项目地点：上海
项目面积：100 平方米
项目造价：30 万元

主设计师：许清平（上海达达设计工作室 设计总监）

　　本案位于上海某商场内，面向中高端消费人群。餐厅定位为日式风格，内部装饰简单大方，多采用自然、原生态的设计材料来表现日式的简约自然风。在灯光设计上，设计师也非常用心，特别选用节能型灯具，低碳环保，这也是众多中高端消费人群所追求的理念。

　　餐厅占地面积不是很大，所以在条件允许的情况下应尽量多地利用空间，使顾客承载量达到最大化。空间整体以浅木色和米色为主调，局部采用茶色镜面，视觉上拓展了空间，墙面上的装饰画打破了单调的感觉，丰富了空白的区域。整个空间动线流畅，没有多余的装饰，简约而不失时尚。

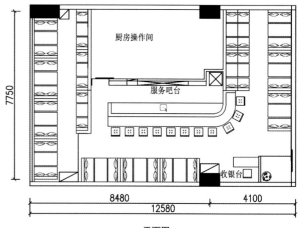

平面图

图1：卡座区紧邻落地窗，使客人在用餐的同时也能欣赏到外面的风景。黑白色的装饰画点缀了墙面，简单的颜色不突兀，柔和了空间。

图3：入口处的饰品利用枯枝、藤球、鸟笼创造出自然的氛围，表现出日式的枯山水文化。

图5、图6：空间墙面统一采用充满肌理感的木纹墙纸，感性而不失温馨；天花的流线型波浪设计充满动感，其灵感来源于鱼的外形轮廓，透过玻璃可以起到吸引食客好奇心理的作用。

醉苗乡

项目地点: 贵州贵阳
项目面积: 3000 平方米
项目造价: 540 万元

主设计师: 杨昌权(贵州连城室内设计事务所负责人;中级室内设计师;讲师)

　　本案位于贵阳某大厦中,是"老凯里酸汤鱼"连锁品牌的旗舰店,同时兼作为贵州本土菜对外的宣传窗口。其面向的消费人群为30~50岁的商务人士和外地来此的游客。

　　店面设计立足于苗族文化,辐射贵州少数民族文化。为了迎合餐厅想表达的地域文化特点,设计师在主材上选用了大量的仿古砖铺设在地面及部分墙面上。如此朴实的设计不仅迎合了当地人的喜好,也吸引了大量的游客前往,让人在用餐的同时还能欣赏到当地独特的文化特色;低调的颜色营造出了静谧、雅致的就餐环境,让客人对这里流连忘返。

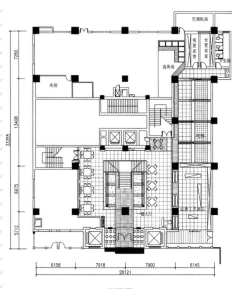

平面图

图1：入口处原木质感的斜梁式造型吊顶装饰，将苗家自然古朴的特点呈现在来宾面前。
图3：大量的绿植给质朴的空间增添了活力，传递着苗族的生态居住文化。

图5：包间的灯光控制得恰到好处，天花上的立柱造型透着现代时尚感。
图7：以槽钢涂黑漆制作外观构架，配以能够代表当地特色文化的绘画，空间感和
艺术感立现。

图8：运用大量的椿木板在粮仓结构的包房外立面，墙面展示着少数民族所佩戴的银饰。
图11：具有贵州少数民族特色的制作工艺精良的装饰品，不经意地挂在墙面，却自然而然地成为亮点。

秦秦渔港

项目地点： 上海
项目面积： 1400 平方米
项目造价： 100 万元

主设计师：许清平（上海达达设计工作室 设计总监）

本案位于上海，是一家以经营河鲜、海鲜为主的高档餐厅。店主想打造出精品餐饮连锁店，所以在风格定位上以现代风格为主。

在整个餐厅的用色上，设计师摒弃杂乱无章的色调，以黑、白、灰为主色调，局部点缀香槟金色配饰，家具辅以低彩度的暗紫色面料，力求使整个餐厅时尚而不失大气。整体空间运用了木材、墙纸、仿古砖等材料，用色较深却不压抑，简洁中带有些许优雅与时尚，让人过目不忘。

图1：大堂的天花上采用了镜面天花造型，镜面反射着灯光，增强了接待前台的明亮度。
图2：半圆形座位区用珠帘作为朦胧的隔断，有一丝浪漫的气息。

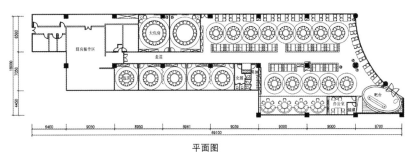

平面图

图4：散座区的天花是由黑镜和白色饰面板相互穿插而成，视觉上增加了空间的高度，弥补了屋顶较低的缺陷，也使餐厅充满了时尚感；轻柔的纱帘阻挡了外界的喧嚣，也给靠窗的区域增添了一份温馨与浪漫。

图6：大厅局部墙面造型选择了向上的、富有方向性且表达"勃勃生机"的"树"状，寓意企业蓬勃发展的生命力。

LUCK 时尚料理店

项目地点: 大连
项目面积: 90 平方米
项目造价: 30 万元

主设计师: 张健 (大连工业大学艺术与信息工程学院环境艺术设计教研室 专业教师;
高级室内建筑师)

本案地处海滨城市大连,店面风格不同于传统的料理店,而是融入了更多的现代时尚元素,诠释现代创意感料理店。

由于店面不大,因此设计师在有限的空间中满足功能的基础上,最大限度地利用空间,使空间分配合理,并且设计中注重材质质感的变化与对比,通过采用较多的天然材质来呈现。设计师还运用了多种光源点缀空间,烘托气氛。

空间整体格调清爽、明亮,小空间别致且有张力,内敛且不拘一格,正是众多年轻时尚人士喜爱之地。

图1: 料理台及其背景墙采用金色马赛克拼贴出精美的花纹,让空间更显精致细腻;黑色的烤漆玻璃与镜面的运用使空间更具质感。开放式的料理台让顾客更直观地看到食物的制作过程,从而对食品感到安全放心。

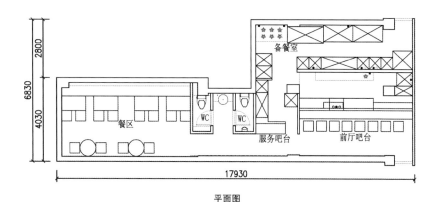

平面图

SUSHI BAR

JAPANESE
DINNING

GRAND IMPERIAL

GRAND IMPERIAL

4

5

烹大师涮涮锅

项目地点: 江苏常州
项目面积: 500 平方米
项目造价: 75 万元

主设计师: 张静(上海栖居装饰设计有限公司 资深设计师)

　　本案位于常州某商场内,环境优雅,风格时尚前卫,面对时尚一族消费人群。设计师在空间设计上运用了线构的表现手法,运用了大量笔直的线形,简洁大方、线条流畅、个性与时尚并存;整个空间还穿插了大色块的装饰面与红色蜡烛灯的点光源,柔和与温馨,光与影相融,色调统一。

　　用餐区被划分为两个区域。左边靠墙处以整排卡座椅为主,以黑色线条及红色点光源相搭配;右边用餐区正对面的墙体,则利用射灯表达大面积色块。餐厅这些充满艺术性的设计让用餐也变成一种享受,味觉和视觉上都得到满足,让人流连忘返。

平面图

6

图3、图6：左侧长条卡座区背景墙面装饰运用了文化石与长条黑镜，凹凸不平的浅色文化石材质与光滑的黑色镜面材质的对比，再加上镜子中反射的红色点光源，带给人们视觉上的无限冲击力。

图5：右侧用餐区运用了大色块的表现手法，避免只用单一色块的呆板无趣，在设计中穿插了大色块的光源，不仅达到了统一性，还增加了整个墙面的趣味性。

抱朴园

项目地点： 江苏南京
项目面积： 700 平方米
项目造价： 92 万元

主设计师： 张有东（南京正午阳光装饰设计工作室 首席设计师）

  本案位于南京，是东部山庄一个院落的改造。店主借以院落的特点，希望将它改造成富有中国历史文化气息的会所式餐厅。设计师以江南园林景观为特色，以唐、宋、元、明、清这几个朝代历史文化为主线，赋予每个包间不同的主题，打造了一个充满文化艺术气息的优雅餐饮空间。

  地面大多采用深灰色仿古砖，而墙面则用浅色皮纹砖创造出空间层次感；墙上泛黄的装饰画体现出了每个包间所表现的朝代。设计师为使空间不失时尚感，运用不锈钢以及丝绒软包装饰混搭其中，别有一番味道。

  如今餐饮不仅为满足人们生理上的需求，更代表了一种文化；把当地的文化特色和经营理念融入到经营环境中，对前来就餐的顾客来说也是一种享受。

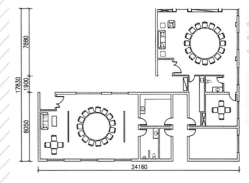

平面图

图1：这个代表宋代文化的包间，门框采用不锈钢包边，天花是木格窗造型，现代感与古文化气息并重。

图3：从墙壁的仕女图装饰画可看出，这是表现唐朝风貌的包间。

图6：墙面铺设大面积镜面，延伸了空间；灰镜上铺设棕色仿古花格窗，材质上的反差给人眼前一亮的感觉。

尚正肥牛城

项目地点: 河南洛阳
项目面积: 1200 平方米
项目造价: 200 万元

主设计师:钟新震(河南省洛阳市海鑫空间艺术设计 设计师)

本案位于河南省洛阳市,属于中式火锅餐饮,经营的对象是中高层次的消费者。

设计师一改往日火锅餐饮空间以传统中式风格装饰的印象,室内以优雅而尊贵的白色为主色调,以现代简约的手法诠释新贵主义的风范。

设计师运用多种材料,如皮革、艺术玻璃、印花镜、不锈钢等,均以白色为基调相互融合,渲染出一种淡雅、纯净、闲适的情调。

饮食不仅是一种生理需要,现在也已经发展成为一种精神享受,高雅的环境也会让人胃口大增。

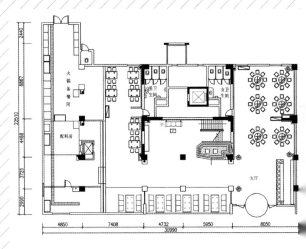

平面图

图2：大堂中祥云造型的灯饰大气磅礴，四周用金色雕花造型作为点缀，既传承了古典的韵味，又透出了现代时尚的气息。

图3：包间中现代时尚的水晶吊灯搭配纯白色的简欧式座椅，给人时尚圣洁之感，偶以青花纹饰点缀墙面，提升包间档次。

图4：地面采用黑灰相间的瓷砖铺贴，沉稳的色调稳定了整体空间的氛围，同时衬托着白色的餐桌椅，增强空间的视觉冲击力。

5

7

8

9

汉能光伏有限公司 VIP 餐厅

项目地点： 广东河源
项目面积： 312 平方米
项目造价： 91.8 万元

主设计师：招振清（广东清远市印象东方室内装饰设计有限公司 设计总监）

　　本案位于广东河源，主要用于接待本公司的贵宾和平时领导们聚餐使用。在设计定位上，由于是上市公司，业主要求VIP餐厅有豪华时尚的感觉。

　　整个空间以简约中式风格为主，运用花格窗、中式浮雕等设计元素，用色沉稳大气；地面铺设仿大理石纹地砖，并以黑金花大理石波打线做地面拼花造型，突出高档的感觉；天花造型中镶嵌金箔，在灯光的配合下营造出金碧辉煌的氛围。

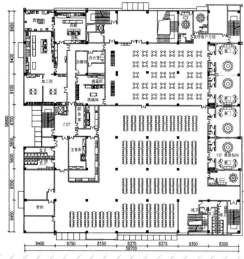

平面图

图1、图3：大厅中墙壁采用红橡木饰面，明确了整体的线条，充满现代感的吊灯和窗帘使空间在豪华中带着沉稳的气息。

图2：大包间中软包和黑镜搭配使用，两种材质形成对比，时尚感与舒适感兼具。

图4：小包间面积虽小，却也五脏俱全。中式的花格雕刻和现代的灰镜和谐搭配在墙面，透着大气。

箸香川菜

项目地点: 上海
项目面积: 2780 平方米
项目造价: 业主保密

主设计师: 马莹麟 (上海林世装饰设计咨询有限公司 设计总监)

　　本案是位于上海的一家大型新概念时尚川菜馆。店内经营中餐,空间却走前卫时尚风格路线。为了配合其经营理念,设计师为餐厅定制了现代东方风格,既以现代设计手法结合东方设计元素来表现简约超前、同时又完全保留了东方风格独有的沉稳和大气。

　　所用装饰材料不追求豪华与名贵,灯光设计不追求张扬,东方风格中特有的平和、平静、节俭、内敛的品格得到充分表现。

　　由于餐厅面积较大,在平面布局上采用了区域划分的方法,借用园林中移步易景的设计手法,通过走道、屏风、隔断的合理安排,巧妙地将整体空间划分成多个细致安静、具有相对隐蔽性的空间,即使容纳800多位客人同时就餐,也不会感到嘈杂和拥挤,同时保证每个人都能看到不同的景色。

　　在这里,不仅能享受到美味的食物,更能拥有完美的视觉体验,使人难忘。

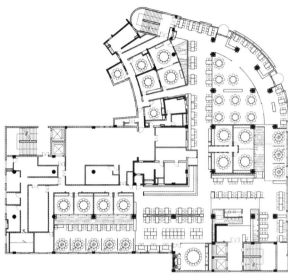

平面图

6

7

图4：采用了同样的长方形棋格状镂空雕刻的屏风，划分出每个就餐区域，隔而不断，但相对独立私密。

图5、图6：大理石与镜面以长方形棋格状拼贴整面墙，创造出丰富的层次感，同时地面和顶面都以镜面装饰，使得墙面上下无限延伸。

图7：白色洞石大理石铺面的柜台带着尊贵与质感，并排陈列的顶灯现代时尚。

福鼎海鲜火锅

项目地点：江苏常州
项目面积：1300 平方米
项目造价：280 万元

主设计师：汪海（江苏常州 自由设计师）

本案位于江苏常州，餐厅主营时尚海鲜火锅，全力打造海鲜"头等舱"，主要面对的消费群体是社会上的成功人士。

根据客人的不同需求，餐厅的包间分为豪华包间、大包间、小包间、卡座、散座等。大厅中还设有休闲区，可以供客人休闲聊天用。空间中运用深色的大理石饰面地砖，黑格栅和黑色镜面亚克力板，用色沉稳大气，灯光的渲染也使得整体避免了压抑感，反而突出了档次。

整个餐厅空间虽然很大，但由于布局合理，为客人提供了良好的服务和极大的便利，给人留下很好的印象。

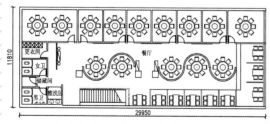

平面图

图5：大堂中充满时尚感。
图6：墙面铺贴镜面，在视觉上拓展空间。
图7：大堂中的笑佛给人带来好心情。

5

6

7

湘味人家

项目地点: 浙江宁波
项目面积: 600 平方米
项目造价: 80 万元

主设计师: 张国栋 (宁波达利未蓝室内设计有限公司 设计总监; ICIAD 理事会会员; IAI 专业会员)

  本案坐落于浙江宁波,由于地处美食街,周围各种餐馆鳞次栉比,因此店主决定打破传统格调的餐饮空间,在保持餐厅原有结构的基础上,作出合理的辅助处理,让视觉能有新的景观,让美食街出现一个新的亮点。

  空间采用新中式田园风格,重新装点,打造别出心裁的小清新。

  天花上做花格木窗造型,地面铺设灰色地砖,过道边"种植"翠竹,使食客在用餐的过程中可以提神,清新悦目,犹如身在户外的竹林中,感受不一样的用餐心情。经过重新改造的空间,改变了传统中式给人的厚重感觉,既有中式的韵味,也有现代时尚的感觉,达到了耳目一新的效果。

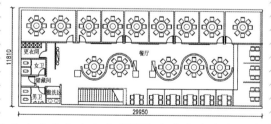

平面图

4

5

图4：二层特色散座区采用曲线型镜面隔断，流线的造型自然地划分了每个餐区，也为室内增添动感，打破沉稳，增添时尚感。
图6：散座区隔断采用中式花窗式设计，翠绿的竹子与白色的中式花格窗相互映衬，十分清新。
图7：楼梯一侧摆满了绿油油的盆栽，生机勃勃，田园风浓郁。

8

9

10

正声文化策划出版

品鉴商业空间系列
Tasting commercial space

» » **餐厅**
店面展厅
咖啡厅·茶舍
酒店会所
娱乐空间
美容 SPA